SITZUNGSBERICHTE DER DEUTSCHEN AKADEMIE
DER WISSENSCHAFTEN ZU BERLIN

Klasse für Mathematik und allgemeine Naturwissenschaften
Jahrgang 1954 Nr. 4

HANS ERTEL

KANONISCHER ALGORITHMUS HYDRODYNAMISCHER WIRBELGLEICHUNGEN

1955

AKADEMIE-VERLAG · BERLIN

Vorgelegt in der Gesamtsitzung vom 30. September 1954
Zum Druck genehmigt am gleichen Tage, ausgegeben am 20. April 1955

Erschienen im Akademie-Verlag GmbH., Berlin W 8, Mohrenstraße 39
Veröffentlicht unter der Lizenznummer 1218
des Amtes für Literatur und Verlagswesen der Deutschen Demokratischen Republik
Satz und Druck der Buchdruckerei F. Mitzlaff KG., Rudolstadt/Thür. V/14/7 – (1049)
Bestell- und Verlagsnummer 2010/54/I/4
Preis: DM 1,—
Printed in Germany

I. Einleitung

Das Ziel vorliegender Untersuchung ist die Aufstellung einer allgemeinen Rechenvorschrift, welche alle bisher bekannten hydrodynamischen Wirbelsätze durch Spezialisierung eines einzigen Vektors $\vec{\Psi}$ abzuleiten gestattet.

Eine im Jahre 1942 [H. Ertel, Lit. 1—3] abgeleitete Formel:

$$(1) \qquad \frac{d}{dt}(\sigma \vec{\xi} \operatorname{grad} \psi) = \sigma \vec{\xi} \operatorname{grad}\left(\frac{d\psi}{dt}\right) + \sigma N(p, \sigma, \psi),$$

in der bedeuten:

$\frac{d}{dt} = \frac{\partial}{dt} + \vec{v} \operatorname{grad}$ = substantielle Zeitableitung,

$\vec{v}$ = Geschwindigkeitsvektor,

$\vec{\xi}$ = Wirbelvektor,

σ = spezifisches Volumen (reziproke Dichte),

p = Druck,

ψ = zur Spezialisierung verfügbare skalare Funktion,

$N(p, \sigma, \psi) = (\operatorname{grad} p \times \operatorname{grad} \sigma) \operatorname{grad} \psi$ = Anzahl der p, σ, ψ-Einheitszellen in der Volumeneinheit,

kommt diesem Ziel insofern nahe, als sie die bis dahin (1942) bekannten Wirbelsätze durch Spezialisierung der skalaren Funktion ψ zu deduzieren gestattet. Setzt man z. B. in Gleichung (1) für ψ nacheinander die kartesischen Koordinaten x, y, z ein, so resultieren die Komponenten der Wirbelgleichungen für kompressible, barokline Flüssigkeiten. Setzt man im Falle adiabatischer oder allgemeiner polytroper Zustandsänderungen für ψ die potentielle oder allgemeiner die polytrope Temperatur ein, für die

$$\psi = \psi(p, \sigma), \quad \frac{d\psi}{dt} = 0$$

gilt, so resultiert aus Gleichung (1) ein Erhaltungssatz [Lit. 4]:

$$\frac{d}{dt}(\sigma \vec{\xi} \operatorname{grad} \psi) = 0$$

[vgl. hierzu auch Lit. 5—8].

Inzwischen ist aber 1948 ein weiterer Erhaltungssatz [H. ERTEL und C.-G. ROSSBY, Lit. 9, 10] für barotrope Flüssigkeiten mit einer für alle Partikel gleichen Piezotropierelation $\sigma = \sigma(p)$ aufgefunden worden:

$$\frac{d}{dt}\{\sigma \vec{\xi} \cdot (\vec{v} - \operatorname{grad} W)\} = 0, \tag{2}$$

in welchem $W = \int_0^t L\, dt$ die Wirkungsfunktion (L = LAGRANGE-Funktion) bedeutet, der sich nicht als Spezialfall der Gleichung (1) darstellen läßt und daher eine Verallgemeinerung dieser Gleichung nahelegt, welche nachstehend gegeben werden soll.

II. Kanonischer Algorithmus hydrodynamischer Wirbelgleichungen

Um die allgemeine Rechenvorschrift (den kanonischen Algorithmus) aufzustellen, welche(r) durch Spezialisierung eines Vektors $\vec{\Psi}$ sämtliche bisher bekannten Wirbelgleichungen liefert, gehen wir aus von den hydrodynamischen Bewegungsgleichungen

$$(3)\quad \frac{\partial \vec{v}}{\partial t} + \operatorname{grad}\left(\frac{v^2}{2}\right) - \vec{v} \times (\operatorname{rot} \vec{v} + 2\vec{\omega}) = -\operatorname{grad} \Phi - \sigma \operatorname{grad} p$$

($\vec{\omega}$ = konstanter Drehvektor der Erdrotation, Φ = Potential der Schwerebeschleunigung), die wir durch Einführung der absoluten Geschwindigkeit

$$(4)\quad \vec{V} = \vec{v} + \vec{\omega} \times \vec{r}$$

($\vec{r}$ = Ortsvektor von einem Punkt der Rotationsachse zur Flüssigkeitspartikel) und des absoluten Wirbels

$$(5)\quad \vec{\xi} = \operatorname{rot} \vec{V} = \operatorname{rot} \vec{v} + 2\vec{\omega}$$

in der Form

$$(6)\quad \frac{\partial \vec{V}}{\partial t} + \operatorname{grad}\left(\frac{v^2}{2}\right) - \vec{v} \times \vec{\xi} = -\operatorname{grad} \Phi - \sigma \operatorname{grad} p$$

schreiben, aus der durch Anwendung der rot-Operation

$$(7)\quad \frac{\partial \vec{\xi}}{\partial t} - \operatorname{rot}(\vec{v} \times \vec{\xi}) = \vec{N}(p, \sigma)$$

mit dem Solenoid-Vektor

$$\vec{N}(p, \sigma) = \operatorname{grad} p \times \operatorname{grad} \sigma$$

folgt. Skalare Multiplikation mit dem Vektor $\vec{\Psi}$ ergibt nach leicht übersehbarer Umformung

$$(8)\quad \frac{\partial}{\partial t}(\vec{\xi}\,\vec{\Psi}) = \vec{\xi} \cdot \frac{\partial \vec{\Psi}}{\partial t} + \vec{\Psi} \cdot \operatorname{rot}(\vec{v} \times \vec{\xi}) + \vec{N}(p, \sigma) \cdot \vec{\Psi}.$$

Nun ist

$$\vec{\Psi}\cdot\operatorname{rot}(\vec{v}\times\vec{\xi}) = (\vec{v}\times\vec{\xi})\cdot\operatorname{rot}\vec{\Psi} - \operatorname{div}\{\vec{\Psi}\times(\vec{v}\times\vec{\xi})\}$$
$$= (\vec{v}\times\vec{\xi})\cdot\operatorname{rot}\vec{\Psi} - \operatorname{div}\{\vec{v}\cdot(\vec{\xi}\vec{\Psi}) - \vec{\xi}\cdot(\vec{v}\vec{\Psi})\}$$
$$= (\vec{v}\times\vec{\xi})\cdot\operatorname{rot}\vec{\Psi} - \operatorname{div}\{\vec{v}\cdot(\vec{\xi}\vec{\Psi})\} + \vec{\xi}\cdot\operatorname{grad}(\vec{v}\vec{\Psi})$$
$$= \vec{\xi}\cdot\{\operatorname{grad}(\vec{v}\vec{\Psi}) - \vec{v}\times\operatorname{rot}\vec{\Psi}\} - \operatorname{div}\{\vec{v}\cdot(\vec{\xi}\vec{\Psi})\},$$

so daß die Gleichung (8) auf die Form

$$\text{(9)}\quad \frac{\partial}{\partial t}(\vec{\xi}\vec{\Psi}) + \operatorname{div}\{\vec{v}\cdot(\vec{\xi}\vec{\Psi})\}$$
$$= \vec{\xi}\cdot\left\{\frac{\partial\vec{\Psi}}{\partial t} + \operatorname{grad}(\vec{v}\vec{\Psi}) - \vec{v}\times\operatorname{rot}\vec{\Psi}\right\} + \vec{N}(p,\sigma)\cdot\vec{\Psi}$$

gebracht werden kann.

Hierin ist nun

$$\text{(10)}\qquad \frac{\partial\vec{\Psi}}{\partial t} + \operatorname{grad}(\vec{v}\vec{\Psi}) - \vec{v}\times\operatorname{rot}\vec{\Psi} = \frac{D\vec{\Psi}}{Dt}$$

diejenige Differentialoperation, mittels welcher die substantielle Änderung des skalaren Produktes des Vektors $\vec{\Psi}$ in ein „materielles", mit der Strömung mitschwimmendes Linienelement $\vec{ds}$ in der Form

$$\text{(11)}\qquad \frac{d}{dt}(\vec{\Psi}\,\vec{ds}) = \frac{D\vec{\Psi}}{Dt}\cdot\vec{ds}$$

darstellbar ist [Lit. 11, 12] und die Gleichung (9) läßt sich daher

$$\text{(12)}\qquad \frac{\partial}{\partial t}(\vec{\xi}\vec{\Psi}) + \operatorname{div}\{\vec{v}\cdot(\vec{\xi}\vec{\Psi})\} = \vec{\xi}\,\frac{D\vec{\Psi}}{Dt} + \vec{N}\,p,\sigma)\cdot\vec{\Psi}$$

schreiben.

Nach Multiplikation dieser Gleichung mit σ, Beachtung der Umformung

$$\operatorname{div}\{\vec{v}\cdot(\vec{\xi}\,\vec{\Psi})\} = \vec{v}\operatorname{grad}(\vec{\xi}\,\vec{\Psi}) + (\vec{\xi}\,\vec{\Psi})\cdot\operatorname{div}\vec{v}$$

und der Kontinuitätsgleichung

$$\sigma\operatorname{div}\vec{v} = \frac{\partial\sigma}{\partial t} + \vec{v}\operatorname{grad}\sigma = \frac{d\sigma}{dt} \tag{13}$$

resultiert die gesuchte Lösung:

$$\boxed{\frac{d}{dt}(\sigma\,\vec{\xi}\,\vec{\Psi}) = (\sigma\,\vec{\xi})\cdot\frac{D\vec{\Psi}}{Dt} + \sigma\,\vec{N}(p,\sigma)\cdot\vec{\Psi}} \tag{14}$$

auf deren rechter Seite man noch den Term $\sigma\cdot(\operatorname{rot}\vec{F})\cdot\vec{\Psi}$ zu addieren hätte, wenn die äußere Kraft $\vec{F}$ nicht aus einem Potential Φ ableitbar ist:

$$\boxed{\frac{d}{dt}(\sigma\,\vec{\xi}\,\vec{\Psi}) = (\sigma\,\vec{\xi})\cdot\frac{D\vec{\Psi}}{Dt} + \sigma\cdot\{\operatorname{rot}\vec{F} + \vec{N}(p,\sigma)\}\cdot\vec{\Psi}} \tag{15}$$

Im folgenden setzen wir stets die Existenz eines Potentials der äußeren Kraft voraus, benutzen also von dem aufgestellten Algorithmus (14, 15) die Form (14).

III. Ableitung der hydrodynamischen Wirbelgleichungen mittels des kanonischen Algorithmus durch Spezialisierung des Vektors $\vec{\Psi}$

Die Gleichungen (14) bzw. (15) sind als eine allgemeine Rechenvorschrift aufzufassen, welche für jede spezielle Wahl des Vektors $\vec{\Psi}$ eine entsprechende Wirbelgleichung liefert.

A. Setzen wir z. B. $\vec{\Psi} = \vec{i}$ ($\vec{i}$ = Einheitsvektor der x-Achse eines kartesischen Koordinatensystems), so liefert die Gleichung (14), da nach Gleichung (10)

$$\frac{D\vec{i}}{Dt} = \text{grad}\,(v_x)$$

ist, die x-Komponente der für kompressible und barokline Flüssigkeiten verallgemeinerten HELMHOLTZschen Wirbelgleichungen

$$\frac{d}{dt}(\sigma\,\xi_x) = \sigma\,\vec{\xi}\cdot\text{grad}\,(v_x) + \sigma N_x(p,\sigma),$$

deren y- bzw. z-Komponente man aus der Gleichung (14) entsprechend für $\vec{\Psi} = \vec{j}$ bzw. $\vec{\Psi} = \vec{k}$ erhält ($\vec{j}, \vec{k}$ = Einheitsvektoren der y- bzw. z-Achse) [vgl. z. B. Lit. 13].

B. Setzt man in Gleichung (14) $\vec{\Psi} = \text{grad}\,\psi$ (ψ = skalare Funktion), so wird nach Gleichung (10)

$$\frac{D}{Dt}\,\text{grad}\,\psi = \frac{\partial}{\partial t}\,\text{grad}\,\psi + \text{grad}\,(\vec{v}\cdot\text{grad}\,\psi)$$
$$= \text{grad}\left(\frac{\partial\psi}{\partial t} + \vec{v}\cdot\text{grad}\,\psi\right) = \text{grad}\left(\frac{d\psi}{dt}\right)$$

und es resultiert aus Gleichung (14) die Gleichung (1).

C. Setzt man in Gleichung (14) $\vec{\Psi} = \vec{v} - \text{grad}\,W$ mit der LAGRANGE-Funktion

$$L = \frac{dW}{dt} = \frac{v^2}{2} - \left(\Phi + \int \sigma\, d p\right)$$

(nichtrotierendes System $\vec{\omega} = 0$[1] und Autobarotropie $\sigma = \sigma(p)$), so ergibt die Gleichung (10)

[1] Im nichtrotierenden System bedeutet Φ das Attraktionspotential.

$$\frac{D}{Dt}(v - \operatorname{grad} W)$$

$$= \frac{\partial \vec{v}}{\partial t} - \operatorname{grad} \frac{\partial W}{\partial t} + \operatorname{grad} \{v^2 - \vec{v} \cdot \operatorname{grad} W\} - \vec{v} \times \operatorname{rot} \vec{v}$$

$$= \frac{\partial \vec{v}}{\partial t} + \operatorname{grad} v^2 - \vec{v} \times \operatorname{rot} \vec{v} - \operatorname{grad} \left(\frac{\partial W}{\partial t} + \vec{v} \cdot \operatorname{grad} W \right)$$

$$= \frac{\partial \vec{v}}{\partial t} + \operatorname{grad} v^2 - \vec{v} \times \operatorname{rot} \vec{v} - \operatorname{grad} \left(\frac{dW}{dt} \right)$$

$$= \frac{\partial \vec{v}}{\partial t} + \operatorname{grad} v^2 - \vec{v} \times \operatorname{rot} \vec{v} - \operatorname{grad} \left\{ \frac{v^2}{2} - (\Phi + \int \sigma \, dp) \right\}$$

$$= \frac{\partial \vec{v}}{\partial t} + \operatorname{grad} \left(\frac{v^2}{2} \right) - \vec{v} \times \operatorname{rot} \vec{v} + \operatorname{grad} (\Phi + \int \sigma \, dp) = 0,$$

da die hydrodynamische Bewegungsgleichung in diesem Fall

$$\frac{\partial \vec{v}}{\partial t} + \operatorname{grad} \left(\frac{v^2}{2} \right) - \vec{v} \times \operatorname{rot} \vec{v} = - \operatorname{grad} (\Phi + \int \sigma \, dp)$$

lautet, und es resultiert aus Gleichung (14) der Erhaltungssatz (2) mit $\vec{\xi} = \operatorname{rot} \vec{v}$. Im Fall eines rotierenden Systems ist zwecks Ableitung des Erhaltungssatzes (2), in welchem dann $\vec{\xi}$ den absoluten Wirbel $\operatorname{rot} \vec{v} + 2\vec{\omega}$ darstellt, indem $\vec{v}$ durch die absolute Geschwindigkeit $\vec{V} = \vec{v} + \vec{\omega} \times \vec{r}$ zu ersetzen ist und die Lagrange-Funktion [Lit. 14]

$$\overset{*}{L} = \frac{d\overset{*}{W}}{dt} = \frac{v^2}{2} + \vec{\omega} \cdot (\vec{r} \times \vec{v}) - (\Phi + \int \sigma \, dp)$$

lautet, in der Gleichung (14) nunmehr $\vec{\Psi} = \vec{V} - \operatorname{grad} \overset{*}{W}$ zu wählen. Es wird dann nach Gleichung (10)

$$\frac{D}{Dt}(\vec{V} - \operatorname{grad} \overset{*}{W}) = 0$$

auf Grund der hydrodynamischen Bewegungsgleichungen (3), und der Erhaltungssatz (2) lautet [Lit. 9, 10]

$$\frac{d}{dt}\left\{\sigma\,\vec{\xi}\cdot(\vec{V}-\operatorname{grad}\overset{*}{W})\right\}=0$$

mit $\vec{\xi}=\operatorname{rot}\vec{V}$ (absoluter Wirbel).

IV. Zusammenfassung

Es wird ein allgemeines Rechenverfahren (kanonischer Algorithmus) aufgezeigt, welches sämtliche bisher bekannten hydrodynamischen Wirbelgleichungen in Differentialform durch Spezialisierung eines einzigen Vektors abzuleiten gestattet.

Literatur

[1] H. Ertel, Ein neuer hydrodynamischer Wirbelsatz. Meteorol. Zeitschr. (Braunschweig) **1942,** 277–281.

[2] H. Ertel, Über das Verhältnis des neuen hydrodynamischen Wirbelsatzes zum Zirkulationssatz von V. Bjerknes. Ebenda, 385–387.

[3] H. Ertel, Über hydrodynamische Wirbelsätze. Physikal. Zeitschr. **1942,** 526–529.

[4] H. Ertel, Ein neuer hydrodynamischer Erhaltungssatz. Die Naturwissenschaften (Berlin) **1942,** 543–544.

[5] E. Kleinschmidt jr., Über Aufbau und Entstehung von Zyklonen. Meteorol. Rundschau **1950,** 1–6, 54–61; **1951,** 89–96.

[6] F. Baur, Linke's Meteorol. Taschenbuch. Neue Ausgabe. II. Bd. Leipzig **1953,** 295–298 (P. Raethjen).

[7] K. Oswatitsch, Gasdynamik. Wien **1952,** 156.

[8] N. J. Kotschin, I. A. Kibel und N. W. Rose, Theoretische Hydromechanik. Bd. I. Berlin **1954,** 501 (Deutsche Ausgabe, red. von K. Krienes).

[9] H. Ertel and C.-G. Rossby, A new conservation-theorem of hydrodynamics. Geofisica pura e applicata. Milano **1948,** Vol. XIV, Fasc. 3–4.

[10] H. Ertel und C.-G. Rossby, Ein neuer Erhaltungs-Satz der Hydrodynamik. Sitz.-Ber. Dt. Akad. d. Wiss. Berlin, Kl. f. Math. u. allgem. Naturwiss., **1949,** Nr. 1.

[11] W. v. Ignatowsky, Die Vektoranalysis und ihre Anwendungen in der theoretischen Physik. Bd. II. Leipzig-Berlin **1910,** 62.

[12] E. Lohr, Vektor- und Dyadenrechnung für Physiker und Techniker. 2. Aufl. Berlin **1950,** 315–317.

[13] H. Lamb, Hydrodynamics. First American Edition New York **1945,** 205.

[14] H. Ertel, Methoden und Probleme der Dynamischen Meteorologie. Berlin **1938** (Ann. Arbor, Mich. **1943**), 41–44.

Bei Fragen zur Produktsicherheit wenden Sie sich bitte an:
If you have any questions regarding product safety,
please contact:

Walter de Gruyter GmbH
Genthiner Straße 13
10785 Berlin
productsafety@degruyterbrill.com